AF249445

EAUX MINÉRALES

NATURELLES.

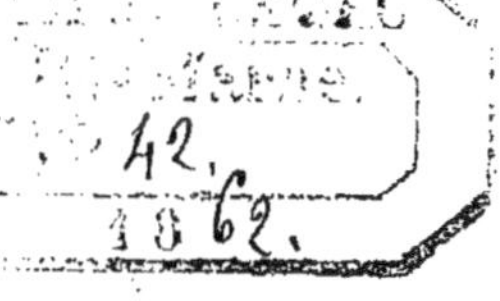

SOURCE MAYNARD.

Elle est située à un kilomètre nord-est de Bourbonne, environnée d'une ceinture de beaux arbres, qui en fait un but de promenade aussi agréable qu'hygiénique.

L'eau est limpide et fraîche.

Bue à la dose de 1 à plusieurs verres, elle excite l'appétit, mélangée au vin, elle facilite la digestion par sa légèreté à l'estomac.

Il serait superflu d'énumérer ici les faits qui permettent d'apprécier toute son importance thérapeutique.

Les certificats ci-joints de MM. les médecins, ainsi que ceux de certaines personnes, entre une infinité d'autres qui ont fait usage de l'eau de la source Maynard suffisent à la constater.

Extrait de la Lettre de M. Ossian HENRY, membre de l'Académie impériale de médecine et chef des travaux chimiques, à Paris, en ce qui concerne l'analyse de l'eau de la source Maynard, destinée à l'usage médical, savoir :

Paris, le 1er août 1859.

L'eau de la source Maynard appartient à la classe des eaux *sulfatées calcaires magnésiennes carbonatées*, elle a beaucoup de rapport avec les eaux de Contrexéville et de Vittel (Vosges) quant à la composition chimique, et il y a lieu de penser qu'au point de vue de l'application médicale, elle doit présenter aussi des analogies.

Nous nous bornerons donc à donner les résultats définitifs qui nous permettent d'établir comme il suit la composition pour un litre ou mille grammes, savoir :

Source Maynard près Bourbonne-les-Bains.

	G.
Acide carbonique libre	0,310 ou en volume.
Bicarbonate de chaux	0,680
Bicarbonate de magnésie	0,680
Sulfates calculés anhydres — de chaux	0,925 (1)
— de magnésie	0,300
— de soude	0,050
— de strontiane	Indices.
Chlorures de sodium et de calcium	0,500
Azotates très-sensibles évalués à	0,001
Iodure alcalin	Indices légers.
Principe arsénical	Idem.
Silice alumine — Phosphates terreux	0,100
Oxyde de fer	0,001
Matière organique non évaluée	(Ulmine).
Total	2,616

(1 Si l'on considère que le sulfate de chaux entre avec celui de magnésie en association pour former un sel double particulier (*Journal de Pharmacie*, 1858), on aurait ici :

Sulfate de chaux	0,33	sel double . 0,63
Sulfate de magnésie	0,30	
Sulfate de chaux excédant		0,595

DÉPARTEMENT DE LA HAUTE-MARNE.

Etablissement thermal de Bourbonne-les-Bains.

COPIE

Du Certificat délivré par M. Renard, Athanase, médecin inspecteur des eaux thermales de Bourbonne-les-Bains, relativement à l'exploitation de la source Maynard.

Bourbonne, le 15 mars 1860.

Invité par M. Maynard à donner mon avis sur les propriétés d'une source dont il est possesseur et qui est maintenant connue sous son nom, je ne puis mieux baser cet avis que sur l'analyse qui vient d'être faite de la source en question par M. Ossian Henri, membre de l'Académie impériale de médecine, et dont les résultats m'ont été communiqués.

Cette analyse dans laquelle on peut avoir toute confiance, eu égard à la parfaite compétence de son auteur, établissant que l'eau de ladite source offre, par sa composition, la plus grande analogie avec les eaux de Contrexéville et de Vittel, on est fondé par cela même à la considérer comme indiquée et susceptible d'être employée utilement dans tous les cas où celles-ci sont conseillées, c'est ce qui d'ailleurs est déjà établi sur une sorte de notoriété favorable à l'usage de cette eau qui s'est formée depuis plusieurs années, et qu'un assez grand nombre de faits pratiques ont paru justifier.

L'existence de la source Maynard est, à ce point de vue, d'autant plus précieuse à Bourbonne, que, dans un assez grand nombre de cas, les eaux de la classe à laquelle elle appartient peuvent être associées d'une manière avantageuse à nos traitements thermaux, qui, dans les conditions de cet usage, l'eau Maynard aurait sur les autres eaux analogues l'avantage de pouvoir être bue sur place, à des frais beaucoup moindres, et d'offrir un but de promenade.

Il y a donc intérêt public à conserver cette source à côté de nos établissements thermaux civil et militaire, et à en favoriser l'emploi.

Signé : RENARD, Athanase,
Médecin inspecteur des sources thermales de Bourbonne.

Hôpital militaire de Bourbonne.

COPIE

Du Certificat délivré par MM. Cabrol, médecin principal en chef, et Tamisier, médecin aide-major titulaire de l'hôpital militaire de Bourbonne, à l'appui de l'exploitation pour l'usage médical de la source Maynard.

Bourbonne, le 18 mars 1860.

Nous soussignés, médecin principal et chef, et médecin aide-major titulaire de l'hôpital militaire thermal de Bourbonne, certifions avoir employé fréquemment avec succès l'eau de la source de M. Maynard, récemment classée, par M. Ossian Henri, dans les eaux sulfatées calcaires, magnésiennes carbonatées, contre des catarrhes de la vessie, diverses affections dyspeptiques et des constipations opiniâtres, etc.

L'eau de la source de M. Maynard est depuis longtemps dans la localité un remède populaire sur lequel l'analyse récente de l'honorable chimiste de l'Académie de médecine vient d'attirer à juste titre l'attention des médecins.

A plusieurs reprises du reste, depuis 1855, le médecin en chef de l'hôpital de Bourbonne en a déclaré l'utilité dans ses rapports annuels adressés au conseil de santé des armées et à l'Académie impériale de médecine.

L'importance thérapeutique de cette eau qui présente une analogie de composition remarquable avec celles des sources plus anciennes et plus généralement connues de Contrexéville et de Vittel, naît principalement à nos yeux de son voisinage des thermes de Bourbonne dont elle est appelée à compléter en partie l'heureuse influence curative en combattant les complications sur lesquelles les eaux salines fortes ont une fâcheuse action.

Il est d'observation journalière pour nous, que les eaux chlorurées sodiques de Bourbonne aggravent les affections ci-dessus indiquées. Cependant, si une d'elles vient compliquer une maladie pour laquelle les eaux thermales sont favorables, nous les avons dans maintes occasions prescrites simultané-ment avec l'eau de la fontaine Maynard à l'intérieur, et sans diminuer l'action thérapeutique des premières, nous avons souvent amené la guérison des complications, toujours nous en avons évité l'aggravation.

Ces faits se sont trop souvent renouvelés dans notre pratique pour qu'il nous reste le moindre doute à leur sujet, aussi croyons-nous que ce serait rendre un service à la médecine hydro-thermale de Bourbonne que d'autoriser l'exploitation de la source Maynard, que son propriétaire a jusqu'ici mise à notre disposition et à celle de tous les malades de la localité avec l'empressement le plus désintéressé.

Le médecin principal, chef de l'hôpital militaire de Bourbonne,

Signé **CABROL**.

Le médecin aide-major,

Signé Dr **TAMISIER**.

COPIE

De la Lettre adressée par M. MAGNIN, maire de Bourbonne, docteur en médecine et médecin inspecteur-adjoint des eaux thermales de cette ville, à M. MAYNARD, propriétaire de la source de ce nom, concernant l'efficacité de l'eau Maynard pour l'usage médical.

Bourbonne, le 20 mars 1860.

Mon cher Monsieur Maynard,

Je m'empresse de vous adresser les renseignements que vous m'avez demandés sur la source minérale du petit bois que vous possédez à un kilomètre de la ville.

Je donnais en 1855 des soins à un vieillard atteint d'une

cystite chronique assez intense et qui me demanda s'il pouvait sans inconvénient boire l'eau d'une fontaine située sur le territoire de la commune et connue dans le pays depuis un temps immémorial pour jouir d'une grande efficacité dans les affections analogues à la sienne ; je l'engageai à en faire usage, et il en obtint de très-bons effets.

A dater de cette époque, je la prescrivis fréquemment avec succès dans les inflammations simples ou catarrhales et les névralgies de la vessie et certaines dyspepsies chroniques accompagnées de constipation. C'est de cette eau dont parle Constantin James, dans la 4° édition de son excellent ouvrage. (*Le Guide pratique aux eaux minérales.*)

J'estime que cette source à laquelle le public a donné votre nom et dont les principes constitutifs ne sont parfaitement connus que depuis l'analyse qu'en a faite M. le professeur O. Henry, dans le courant de l'année 1859, est précieuse pour la thérapeutique, à raison des services qu'elle a rendus à de nombreux malades, et je verrais avec plaisir que son emploi se généralisât davantage dans les affections des voies urinaires.

Agréez, etc.

Signé : Dr MAGNIN,
Insp^r-adj^t et maire de Bourbonne.

COPIES

De divers Certificats, délivrés par MM. Férat, Balley, Bougard et Bouvier, docteurs en médecine, en ce qui concerne l'efficacité de l'eau Maynard destinée à l'usage médical, savoir :

1° Par M. Férat, médecin principal à Bourbonne.

Je soussigné, médecin principal des armées en retraite, ancien médecin en chef de l'hôpital militaire de Bourbonne, chevalier de la Légion d'honneur, certifie que depuis longues années j'ai souvent prescrit, tant aux militaires qu'aux habitants de la ville et aux baigneurs civils, l'usage de l'eau ferrugineuse dite de la source Maynard, sise tout à proximité de Bourbonne, dans les maladies des reins et celles de la vessie, notamment dans la gravelle, l'ischurie et les catarrhes vesicaux et que j'en ai le plus souvent reconnu l'utilité.

Je pense, en conséquence, qu'il serait avantageux pour les

habitants de la ville, comme pour les autres malades qui
viennent chaque année aux eaux de Bourbonne, que M. Maynard obtint l'autorisation d'exploiter cette source dont l'analyse faite en 1859, par M. Ossian Henry, démontre qu'elle a
beaucoup d'analogie dans sa composition chimique avec les
eaux de Contrexéville et de Vittel, ce que nous présumions déjà
depuis longtemps, d'après ses effets thérapeutiques dans les
affections ci-dessus indiqués.

En foi de quoi, etc.
Bourbonne, le 19 mars 1860.
Signé : FÉRAT, D^r principal.

2° Par M. BALLEY docteur en médecine à Bourbonne.

Je soussigné docteur en médecine, certifie que depuis vingt
ans que j'exerce la médecine à Bourbonne, j'ai souvent conseillé,
et avec succès l'eau de la fontaine Maynard dans les affections
chroniques de l'estomac et de l'intestin, accompagnées de perte
de l'appétit, de flatuosités borborigmes, constipation, etc.;
mais sans lésion organique de ces viscères, le catarrhe vésical
par suite de l'atonie de la vessie, l'engorgement œdémateux
des membres qui n'est pas symptomatique d'une lésion des
gros vaisseaux sont aussi très sensiblement améliorés par l'a-
bondante sécrétion urinaire qu'elle provoque.

Bourbonne, le 20 mars 1860.
Signé : BALLEY, docteur.

3° Par M. Bougard, docteur en médecine à Bourbonne.

Je soussigné, docteur en médecine de la faculté de Paris,
certifie que l'eau de la source Maynard, près Bourbonne, est
douée de propriétés thérapeutiques que nous avons été à
même d'apprécier dans bien des circonstances, tant à l'hôpital
militaire thermal que dans notre clientèle particulière, principalement dans les maladies des organes urinaires et dans
certaines affections de l'estomac, les dyspepsies.

Du reste l'analyse chimique de M. O. Henry, en révélant
dans l'eau de cette source les mêmes principes à peu près que
dans les sources de Vittel et de Contrexéville, donne à penser
que les propriétés thérapeutiques devaient être les mêmes, ce
que l'expérience a démontré.

Bourbonne, le 20 mars 1860.
Signé : BOUGARD, membre correspondant de
la société d'hydrologie médicale de Paris.

4° Par M. Bouvier, Alexandre.

Je soussigné, Bouvier, Alexandre, docteur en médecine, demeurant à Bourbonne, certifie que depuis six ans que j'exerce la médecine à Bourbonne, j'ai plusieurs fois ordonné avec succès l'eau de la fontaine Maynard, dans les affections chroniques et dans l'atonie des voies digestives. L'emploi de cette eau m'a surtout bien réussi dans les maladies des voies uriniares, en voici un exemple bien frappant, vu la prompte guérison qui en est résultée.

Le nommé J. ancien gendarme, demeurant à Serqueux, était atteint depuis sept à huit mois de douleurs vagues à l'hypogastre surtout quand il voulait faire des efforts pour aller à la garde-robe, de besoins fréquents d'uriner ; l'urine avait perdu sa transparence et passé à une couleur fauve orange, à la suite de ces excrétions incomplètes, le malade rejetait quelques légers flocons glaireux.

D'après mes conseils, il fit usage des eaux Maynard pendant quinze jours seulement, et depuis cette époque, c'est-à-dire depuis onze mois, il n'a pas souffert un seul instant.

Bourbonne, le 28 mai 1862.

Signé : Dr BOUVIER.

(Médaille d'argent. Choléra 1854.)

COPIES

De certificats délivrés par divers particuliers, constatant qu'ils ont fait usage avec succès de l'eau de la fontaine Maynard, située à la Mézelle, territoire de Bourbonne, savoir :

1°

Je soussigné, certifie que, pendant mon séjour à Bourbonne, du 15 mai au 15 septembre 1859, je suis allé prendre, matin et soir, deux verres d'eau à la fontaine de M. Maynard, d'après l'avis que m'en avaient donné les médecins et plusieurs personnes de la localité ; et que depuis cette époque je suis complètement rétabli d'un commencement d'affection de vessie dont j'étais atteint.

Paris, le 14 mars 1860.

Signé : LEJUSTE,

Officier supérieur de cavalerie en retraite, à Paris.

2°

Je soussigné, Gérard Bourgeois, propriétaire, demeurant à Bourbonne, déclare qu'en 1820, j'ai été atteint de coliques violentes, de grandes douleurs aux reins et à la vessie. J'ai bu de l'eau de la source Maynard pendant deux mois, ce qui m'a fait rendre beaucoup de gravier et une certaine quantité de pierres d'un petit volume; après cette médication les douleurs ont disparu.

Depuis cette époque, j'ai ressenti, à plusieurs fois, de nouvelles atteintes qui ont toujours cédé à un nouvel usage de ladite eau.

Elle m'a été indiquée par un malade qui s'en trouvait très-bien.

Bourbonne, le 20 mars 1860.
Signé : GÉRARD BOURGEOIS.

3°

Je soussigné, Gagniant Lecomte, propriétaire demeurant à Bourbonne, déclare avoir été atteint, en 1842, d'une maladie à la vessie qui me faisait beaucoup souffrir, l'eau de la fontaine Maynard, située à la Maizelle, territoire de Bourbonne, m'a été ordonnée par le docteur Lemolt, médecin inspecteur de l'établissement thermal de ladite ville, et qu'après en avoir fait usage pendant environ six mois, j'ai été complètement guéri.

Bourbonne, le 15 mars 1861.
Signé : GAGNIANT.

4°

Je soussignée, Rosalie Lecomte, épouse Gagniant, propriétaire demeurant à Bourbonne, atteste avoir été guérie de douleurs d'estomac qui empêchaient toute espèce d'aliment de digérer. L'eau de la fontaine Maynard, située à la Maizelle, m'a été prescrite par M. le docteur Lemolt, médecin inspecteur des eaux thermales de Bourbonne en 1841. J'ai fait usage de cette eau pendant cinq ou six mois, à cette époque, et depuis je n'ai plus rien ressenti.

Bourbonne, le 15 mars 1860.
Signé : ROSALIE GAGNIANT.

5°

Je soussigné, adjoint au maire de la ville de Bourbonne-
les-Bains, atteste que le sieur F. R....., âgé de 81 ans,
propriétaire et ancien militaire demeurant en cette ville, m'a
déclaré et affirmé qu'en 1815, il ressentait de très-vives douleurs aux reins et à la vessie, qu'il a bu pendant cinq annécs
consécutives de l'eau de la fontaine appartenant à M. Maynard, située sur le territoire de Bourbonne, ce qui les calmait
et a excité la sortie d'une pierre de la forme et du volume d'un
haricot d'une moyenne grosseur, présentant à l'une des ex-
trémités trois aspérités assez prononcées. Que depuis cette
époque jusqu'aujourd'hui, il a fait constamment usage de cette
eau, tant pour prévenir que pour calmer les douleurs qu'il
ressentait après un travail long et pénible auquel il se livrait.

En foi de quoi j'ai rédigé, sur sa demande, la déclaration
ci-dessus du sieur R....., qui est atteint de cécité, etc.

Fait à Bourbonne, le 20 mars 1860.

Signé : ODINOT, adjoint.

6°

Je soussigné, Thérèse Marchal, propriétaire demeurant à
Bourbonne, déclare qu'en 1849, j'ai été atteinte, à Paris,
de la cholérine, de fièvre muqueuse et typhoïde. Jusqu'en
1851, époque de mon arrivée à Bourbonne, mon estomac et
mes intestins sont restés douloureux et en très-mauvais état,
la digestion se faisait très-péniblement et l'eau ordinaire ne
passait que difficilement.

Depuis cette dernière époque, j'ai constamment fait usage
de l'eau Maynard. Au bout de peu de temps de son usage,
l'appétit est revenu, mon estomac a bien fonctionné, ma santé
enfin a continué à être satisfaisante.

Chaque semaine je vais plusieurs fois à la source de cette
eau, j'y rencontre toujours pendant la saison des eaux beaucoup d'étrangers civils et militaires ainsi que des habitants de
notre ville.

Bourbonne, le 20 mars 1861.

Signé : Tse MARCHAL.

7°

Moi Guillemard, soussigné, déclare avoir été soulagé des maux d'estomac par l'eau de la source Maynard, ordonnée par M. Balley, docteur en médecine, et dont j'ai fait usage pendant le cours de deux ans. Cette eau facilite la digestion.

Bourbonne, le 19 mars 1860.

Signé : GUILLEMARD-CHAPITEL.

8°

Nous soussignés certifions à qui il appartiendra que depuis trois années consécutives que nous faisons usage de l'eau de la fontaine Maynard, nous avons obtenu de très-grands soulagements dans nos infirmités respectives (paraplégie et constipation) à tel point qu'il nous serait impossible d'en cesser l'usage.

En foi de quoi etc.

Signé : DEROBE et L^{se} DEROBE.

Bourbonne, le 17 mars 1860.

9°

Je soussigné, Michel Siméant, propriétaire à Bourbonne,
Atteste que l'année dernière j'ai été atteint d'une maladie à la vessie très-considérable, j'ai fait usage de l'eau Maynard qui m'a de suite considérablement soulagé, j'en ai continué l'usage pendant six semaines, au bout duquel temps mes douleurs ont disparu.

Depuis cette époque, j'ai ressenti de temps en temps quelques douleurs causées par fois par un exercice trop violent, j'ai recours alors à ladite eau qui me réussit très-bien.

Bourbonne, le 19 mars 1860.

Signé : Michel SIMÉANT.

10°

Je soussigné, Jⁿ-B^{te} Bouvier, propriétaire demeurant à Bourbonne, déclare que j'ai été atteint d'une maladie de la vessie, l'eau de la fontaine Maynard, située à la Maizelle, ter-

ritoire de Bourbonne, m'a été ordonnée par M. le docteur
Magnin, médecin sous-inspecteur de l'établissement thermal
de ladite ville, et qu'après en avoir fait usage pendant quelques temps, j'ai été entièrement guéri.

Bourbonne, le 16 mars 1860.

Signé : BOUVIER.

EXPÉDITION AU DEHORS.

Pour tous les renseignements et expéditions, s'adresser à
M. MAYNARD AÎNÉ, à Bourbonne-les-Bains, Hte-Marne.

LANGRES. — TYP. E. L'HUILLIER.